PLANTES BIZARRES

PLANTES BIZARRES

CHRIS THOROGOOD

ULMER

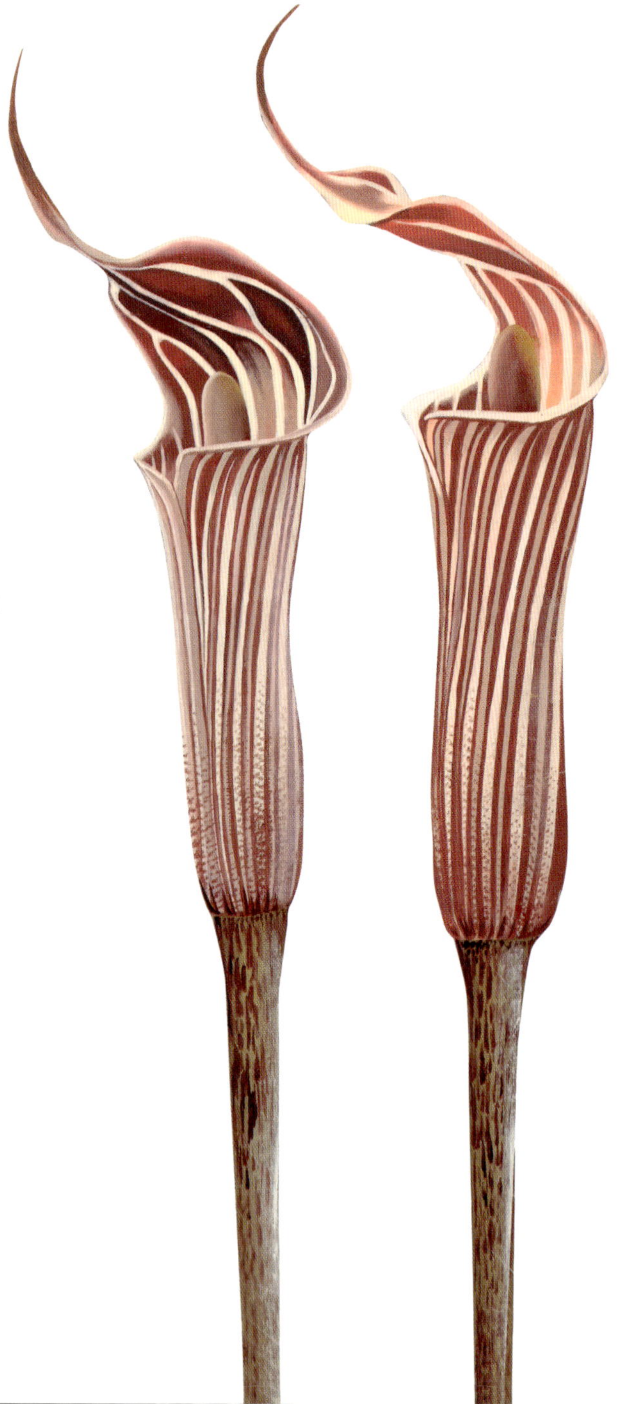

Royal Botanic Gardens Kew

L'édition originale de ce titre a été publiée en anglais
sous le titre « Weird Plants »

Traduit de l'anglais par : Virginie Gettle

24, rue de Mogador
75009 Paris
Tél. : 01 48 05 03 03
Fax : 01 48 05 02 04
www.editions-ulmer.fr
Rejoignez-nous sur Facebook et Instagram

Réalisation : Camille Fouché
Suivi éditorial : Raphaèle Dorniol
Impression : Printer Trento, srl
ISBN : 978-2-37922-062-3
N° d'édition : 062-01

Dépôt légal : octobre 2019
Printed in Italy

FSC
www.fsc.org
MIXTE
Papier issu de
sources responsables
FSC® C015829

SOMMAIRE

PHOTO: CHARLOTTE SNOWDEN (ARPS)

AVANT-PROPOS

Aussi loin que mes souvenirs me portent, les plantes m'ont toujours fasciné. J'ai passé une bonne partie de mon enfance à cultiver et à illustrer des végétaux bizarres. Cette passion pour la botanique et la peinture ne m'a jamais quittée et j'ai eu la chance d'observer quelques individus fabuleux et d'une grande rareté dans leur milieu naturel. Il n'y a rien de tel que de se trouver au milieu d'un bouquet de plantes à urnes gigantesques sur le flanc embrumé d'une montagne de Bornéo, que d'observer le cœur de la plus grande fleur du monde en pleine forêt pluviale malaise ou de partir en quête de l'une des plantes les plus étranges, Hydnora, dans les déserts d'Afrique australe. Mes peintures, qui tentent de les rendre dans toute leur splendeur naturelle, sont le fruit de ces expériences.

Certains de mes sujets bizarres paraîtront familiers au lecteur. Tout le monde se souvient avoir été ébahi par les mandibules de la dionée. Cependant, j'ai essayé de montrer aussi des plantes dont il est étonnant que nous sachions si peu de choses, qu'elles soient entièrement nouvelles pour les scientifiques, qu'ils s'agissent de parasites dont la culture est inexistante ou même des plantes à urnes, des espèces tropicales qui nous semblent familières mais dont nous savons maintenant qu'elles entretiennent des relations d'une incroyable sophistication avec les animaux, des mutualismes jusque-là insoupçonnés.

Aujourd'hui, il nous reste à découvrir encore bien des plantes passionnantes et leur biologie. Depuis que ce livre est en chantier, au moins une plante à urnes semble avoir disparu aux Philippines. L'homme a détruit son habitat et il est à déplorer qu'elle soit désormais perdue à jamais pour la science. Et c'est en fin de compte là la raison essentielle de cette sélection et de cette compilation d'excentricités botaniques : je voudrais éveiller la curiosité et l'intérêt du lecteur pour ce monde végétal qui m'a toujours envoûté. J'espère que les jeunes botanistes et horticulteurs vont reprendre le flambeau, pour explorer, évaluer et conserver pour les générations à venir ces plantes extraordinaires avec lesquelles nous partageons notre planète.

INTRODUCTION

Notre planète verte abrite une diversité hallucinante de plantes à fleurs – il en existe des centaines de milliers d'espèces. De la toundra arctique aux déserts arides, elles ont mis au point des myriades de stratégies pour survivre dans des conditions extrêmes, parfois hostiles, pour tenir tête aux éléments, pour attirer les pollinisateurs malgré une rude concurrence et pour disperser leurs graines.

Ce livre explore le côté bizarre, sinistre et mystérieux du monde végétal. Un monde où les plantes rusent, trompent, volent et vont jusqu'au meurtre, telles les carnivores qui droguent, noient et dévorent des insectes imprudents, les plantes à urnes géantes qui jouent les pots de chambre pour des musaraignes arboricoles, ces fleurs qui imitent la viande avariée pour mettre en appétit les mouches qui les féconderont et ces orchidées qui non sans duplicité imitent l'aspect, le velouté et même l'odeur d'abeilles femelles pour rendre fous les mâles en rut. Si les scientifiques connaissent bien certaines d'entre elles, d'autres n'ont pas encore été bien étudiées, comme la rafflésie, la plus grande fleur du monde, qui n'est toujours pas cultivée et représente une fantastique énigme botanique.

À une époque où l'information circule à la vitesse de l'éclair et où il est plus facile que jamais de voyager pour observer les plantes dans leurs stations naturelles, ce livre cherche à mettre en contexte quelques-unes des espèces les plus extraordinaires et à cerner les relations qui existent entre elles – de celles qui nous sont familières aux plus mystérieuses. Son propos est de décrire le comportement des plantes, leurs relations entre elles, leurs mutualismes avec la flore et la faune, ainsi que les mystères de leur évolution. En fin de compte, c'est un traité de botanique sur les excentricités végétales.

Ci-contre : Ce gros chou est le bouton floral géant de *Rafflesia arnoldii*, la plus grande fleur du monde.

LA DISTRIBUTION DES PLANTES BIZARRES

Cette carte indique de façon approximative les régions du globe où vivent les végétaux étranges décrits dans ce livre. Le texte fournit des détails plus précis sur la distribution de chaque espèce.

ÉTATS-UNIS ET AMÉRIQUE CENTRALE

- Sarracénie jaune
- Dionée
- Mitrastemon
- Aristolochia arborea
- Sarracenia psittacina

MÉDITERRANÉE

- Arum peint
- Arum mange-mouches
- Champignon de Malte
- Cistanche
- Cytinet
- Ophrys
- Sérapias

AMÉRIQUE DU SUD

- Coryanthes macrantha
- Heliamphora
- Orchidée singe

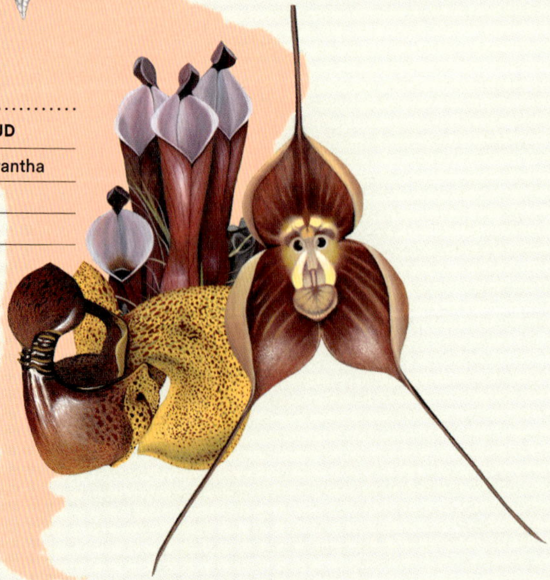

AFRIQUE DU SUD

- Hydnora
- Cactus étoile de mer
- Stapélia
- Welwitschia
- Pachypodium namaquanum
- Brunsvigia
- Strelitzia

LARGE DISTRIBUTION
Aristoloche
Courge serpent
Gui
Drosera
[illegible]
Orobanche
Cassute
BORNÉO
Nepenthes lowii
Nepenthes rajah
Paphiopedilum rothschildianum
Nepenthes hemsleyana
Nepenthes bicalcarata
ASIE DU SUD-EST
Arum titan
Rafflésie
Rhizanthes
Durian
Myrmecodia
OCÉAN INDIEN
Arbre du voyageur
Cocotier de mer
AUSTRALASIE
Orchidée canard volant
Balanophora
Lin de Nouvelle-Zélande
Pois du désert de Sturt

Chapitre 1

LES VAMPIRES

Les plantes parasites, si elles attisent notre curiosité depuis des siècles, sont pourtant l'un des groupes de plantes à fleurs les moins bien étudiés. En fait, des pans entiers de leur biologie évolutive et de leur cycle biologique restent inexplorés. Plus de 4 000 espèces parasitaires ont été recensées, dans tous les principaux écosystèmes, des forêts pluviales tropicales à la toundra arctique. Elles se fixent sur les racines ou les tiges de leurs voisines — qui deviennent leurs « hôtes » —, pour s'approvisionner en eau et en nutriments. Elles sont nombreuses à puiser toute leur nourriture sur leur hôte et à avoir, de ce fait, perdu les caractéristiques habituelles des végétaux, à savoir les feuilles vertes, les tiges et même les racines. Ces organes servant de critères aux botanistes pour classer les plantes, jusqu'à une époque récente, les relations évolutionnaires entre ces parasites sont longtemps restées dans le flou. Or, le séquençage de l'ADN devait réserver quelques surprises sur leurs parentés génetiques. La rafflésie, par exemple, cette habitante des Tropiques célèbre pour être la plus grande fleur du monde, est une proche parente des euphorbes, famille qui se distingue par ses fleurs minuscules et sans intérêt.

Page ci-contre : *Rafflesia arnoldii* est la plus grande fleur du monde et un parasite monstrueux, d'un diamètre de parfois 1,50 m. L'existence de ce « vampire végétal » géant dans les forêts pluviales de Sumatra doit sans doute beaucoup à la protection rigoureuse dont bénéficient les tigres qui partagent son habitat.

RAFFLÉSIE

La plus grande fleur du monde

Rafflesia spp.

La rafflésie est la plus grande fleur simple du monde. Une trentaine d'espèces ont été recensées dans les forêts d'Asie du Sud-Est. Les fleurs de *Rafflesia arnoldii* battent tous les records, entre un diamètre de jusqu'à 1,50 m et un poids de plus de 10 kg.
La rafflésie, qui ne possède pas plus de feuilles que de racines ou de tiges, passe presque toute sa vie à l'intérieur de son hôte, une liane (*Tetrastigma*) de la famille des Vitacées. Son évolution l'a conduite à ressembler à une charogne et à dégager une odeur forte et déplaisante qui attire les mouches pollinisatrices à des lieues à la ronde. Malgré sa célébrité, due à ses dimensions inégalées, on sait relativement peu de choses sur la vie de cette plante, quasiment introuvable en culture.

Le séquençage de son ADN a révélé voici peu que ses parents les plus proches sont des euphorbes, capables, elles, de photosynthèse, et qui présentent des fleurs très petites et discrètes – ce qui peut surprendre.

Page ci-contre : *Rafflesia pricei* est l'une des rafflésies les mieux préservées. Elle pousse dans les forêts de l'étage collinéen, dans des zones protégées du nord de Bornéo. Emblème de l'éco-tourisme et de la conservation dans la région, elle a même droit à son « sanctuaire des rafflésies ».

Ci-dessus : Les boutons floraux des rafflésies ressemblent à de gros choux, comme ce *R. keithii* photographié dans la forêt pluviale de Sabath, dans le nord de Bornéo.

Double page suivante : Les fleurs énormes de *R. keithii.*

RHIZANTHES

Des monstres marins en pleine jungle

Rhizanthes spp.

Le fond des mers semblerait plus apte à accueillir ce végétal étrange que le sous-étage des forêts pluviales. *Rhizanthes*, qui ressemble plutôt à un champignon, a un diamètre de 15 à 40 cm. Comme sa parente la rafflésie, ce parasite, qu'il est rare d'apercevoir, est dépourvu de pigment vert, de feuilles, tiges et racines et dépend complètement des racines de lianes tropicales pour se nourrir. Les scientifiques n'en connaissent que quatre espèces, qui vivent toutes dans les forêts pluviales d'Asie du Sud-Est. La fleur ressemble à un morceau de viande avariée, comme celle de la rafflésie, ce qui attire les mouches, et elle dégage même de la chaleur pour mieux répandre ses effluves dans la jungle. Le cycle biologique de ce végétal curieux est très mal connu et, comme beaucoup de parasites tropicaux, est quasiment introuvable en culture.

Ci-contre : *Rhizanthes lowii*, espèce indigène des forêts pluviales de Bornéo.

MITRASTEMON

Un voleur de sève

Mitrastemon matudae

Cet extraterrestre, un parasite mexicain mal connu, a pour nom *Mitrastemon matudae* et vit dans les forêts des montagnes mexicaines. Son seul parent proche, *M. yamamotoi,* pousse en Asie tropicale et sub-tropicale. Les deux espèces ont été relativement peu étudiées. Sa surface laiteuse et brillante a valu à *M. matudae*, découvert il y a moins d'un siècle, d'être comparé à une statue de cire. *Mitrastemon* puise sa nourriture dans les racines de cousins des chênes (Fagacées). De même que la rafflésie, ce parasite des racines vit dans les cellules de son hôte et n'en émerge que pour fleurir. En fait, cette caractéristique étonnante a porté les chercheurs à croire que les deux espèces étaient de proches parentes. Cependant, le séquençage de son ADN a permis d'établir que *Mitrastemon* est plus lié aux Ericales (un ordre comprenant les bruyères et les azalées).

Ci-contre : Cet alien, un parasite mexicain mal connu, a pour nom *Mitrastemon matudae.* Autrefois considéré comme un parent de la rafflésie, il est plus proche des Ericales (ordre auxquelles appartiennent les bruyères et les azalées), d'après de récentes découvertes.

HYDNORA

La plante la plus étrange du monde

Hydnora africana

Cette plante est sans nul doute l'une des plus étranges plantes à fleurs qui soient. À l'instar des espèces précédentes, elle n'a pas de chlorophylle et prélève sa nourriture dans les racines de plantes vertes. Elle se fixe sur les racines d'euphorbes succulentes des régions semi-arides d'Afrique du Sud et vit entièrement sous terre jusqu'à sa floraison, souvent imprévisible. Sa structure florale bizarre, haute d'environ 20 cm, n'a pas vraiment l'apparence d'un végétal et son odeur de matière fécale lui vaut la visite des bousiers, qui la fécondent. Jusqu'à une date récente, ses origines restaient floues. Aujourd'hui, il est établi qu'*Hydnora* est une lointaine parente des aristoloches (*Aristolochia* spp., voir pp. 74-79).

Ci-dessus : Le fruit d'*Hydnora africana*.

Page ci-contre : L'étrange appareil floral d'*Hydnora africana*.

Double page suivante : Les fleurs d'*Hydnora africana*, qui font penser à une bouche, sur leur hôte, *Euphorbia mauritanica*, dans la région semi-aride d'Afrique du Sud.

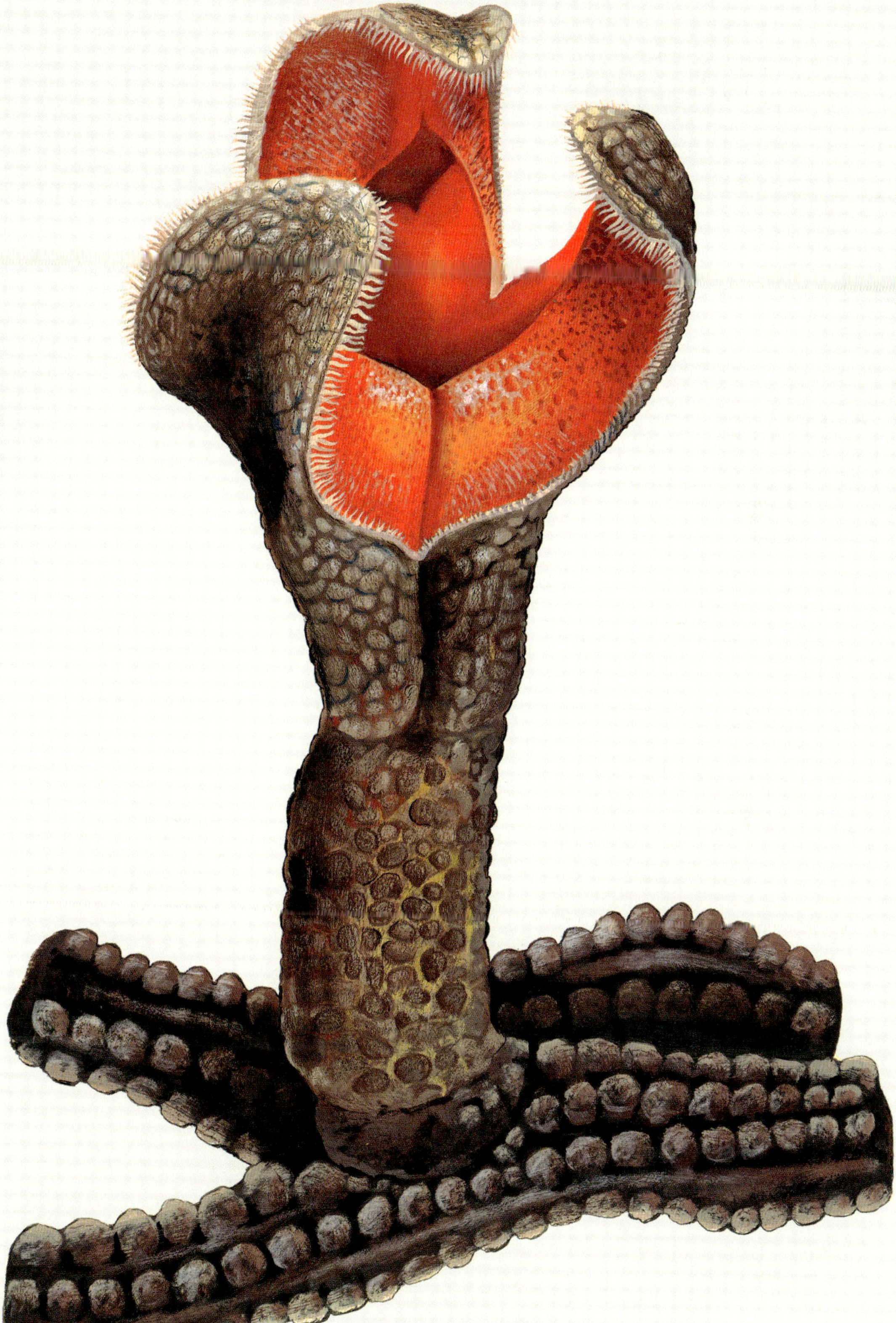

CHAMPIGNON DE MALTE

Un faussaire

Cynomorium coccineum

Cette espèce ressemble plus à un champignon qu'à une plante, ce qui explique son nom vernaculaire. Rare et locale, elle vit dans des habitats secs, par exemple sur des falaises et dans des déserts de sable dans les régions de climat méditerranéen, des îles Canaries à l'ouest jusqu'en Afghanistan à l'est (une forme apparentée se rencontre dans toute l'Asie centrale et en Mongolie). Ses épis couverts de fleurs minuscules, hauts de 30 cm, sont pollinisés par des mouches qu'attirent leurs effluves nauséabonds.

L'homme exploite le champignon de Malte depuis des siècles. En raison de sa forme particulière, les herboristes l'ont longtemps prescrit pour les problèmes sexuels. Les chevaliers de Malte l'appréciaient au plus haut point et il pousse d'ailleurs toujours sur Fungus Rock (le rocher aux champignons), sur l'île maltaise de Gozo, convertie aujourd'hui en réserve naturelle. Le séquençage de son ADN a révélé que le champignon de Malte est un lointain parent des saxifrages (famille des Saxifragacées), ce dont les botanistes étaient loin de se douter.

Ci-contre : Ces *Cynomorium coccineum* poussent dans les sables d'un désert, dans l'est de leur aire de répartition.

BALANOPHORA

La sangsue des forêts

Balanophora fungosa

La structure florale originale de *Balanophora* évoque davantage un champignon qu'une plante. On en dénombre une vingtaine d'espèces, qui vivent principalement dans les forêts humides de régions tempérées et tropicales en Asie et jusqu'en Afrique, à Madagascar et en Australie. *Balanophora fungosa* est l'une des mieux connues. Elle trouve sa nourriture sur les racines d'une vingtaine d'essences dans les forêts d'Asie et d'Australasie. Comme beaucoup de plantes parasites, elle porte des feuilles réduites à l'état d'écailles et est totalement dépourvue de chlorophylle. Il est facile de passer à côté de cette plante, sur le sol couvert de débris végétaux de son habitat. De plus, sa biologie est mal connue. Les origines évolutionnaires de *Balanophora* restèrent un mystère jusqu'à la découverte du séquençage de l'ADN. Aujourd'hui, on sait qu'elle appartient à l'ordre des Santalales, qui comprend aussi le gui. Dans tout le continent asiatique, la médecine traditionnelle fait un grand usage de *Balanophora* pour toutes sortes d'indications.

Ci-contre : *Balanophora fungosa* est un parasite curieux, qui ressemble plus à un champignon qu'à une plante. Il pousse sur les racines des arbres des forêts pluviales en Asie et en Australasie.

CYTINET

Un vampire sans racines ni feuilles

Cytinus spp.

Le cytinet, comme les rafflésies et *Rhizanthes* tropicaux, est un pique-assiette de très haut niveau. D'un diamètre de juste quelques centimètres, passe la majeure partie de sa vie dans les racines de son hôte et n'en sort que pour fleurir. Une poignée d'espèces similaires se rencontrent dans le Bassin méditerranéen et en Afrique du Sud, où elles parasitent les racines de divers arbrisseaux. L'absence de vraies feuilles, si fréquente chez les plantes parasites, dérouta autrefois les botanistes, qui ne purent deviner l'identité de ses parents les plus proches. Après séquençage de l'ADN du cytinet, on découvrit qu'il n'appartient pas à la famille des rafflésies (Rafflésiacées) comme on le croyait, mais est un parent proche des mauves (Malvacées).

Ci-dessus à gauche : Cette superbe touffe de *Cytinus hypocistis* pousse sur les racines d'un *Halimium halimifolium*, dans le Sud du Portugal.

Ci-dessus à droite : Des boutons de cytinet émergent de la racine de leur hôte, un *Cistus monspeliensis*.

GUI

L'étreinte du vampire

Viscum spp.

Les guis sont des hémiparasites. Contrairement aux espèces précédentes, ils possèdent ce pigment vert appelé chlorophylle et sont capables de photosynthèse – ce qui ne les empêche pas de prélever leur eau et leurs nutriments sur d'autres plantes. Ils se fixent sur les branches de leurs hôtes dès le stade de plantule. À l'origine, « gui » était le nom de *Viscum album*, une espèce européenne, mais ce mot désigne désormais plusieurs espèces appartenant à des familles différentes et qui ont le même cycle biologique. Les oiseaux mangent les fruits puis, en se soulageant sur les branches, dispersent les graines (des drupes, pour les botanistes). Elles sont enrobées d'une substance visqueuse qui durcit et les fait adhérer aux branches, où elles vont germer et se développer.

Ci-dessus à gauche : Le gui du Cap (*Viscum capense*) parasite les arbustes du *fynbos* (maquis) de la province de Cap-Ouest, en Afrique du Sud.

Ci-dessus à droite : Le gui européen (*Viscum album*) croît dans les arbres du mont Olympe, dans le Nord de la Grèce, à 1 000 mètres d'altitude. Ici, il parasite un pin laricio (*Pinus nigra*).

CISTANCHE

Un vampire dans le désert

Cistanche phelypaea

Le genre Cistanche regroupe surtout des plantes vivant dans le désert et qui se fixent sur les racines de leur hôte à l'état de plantule. *Cistanche phelypaea* est une espèce très répandue, qui apparaît par endroits sur les dunes et les déserts de sable, des îles Canaries à l'est du Bassin méditerranéen. C'est un parasite typique des arbrisseaux de la famille des Amaranthacées. Au printemps, il produit de spectaculaires bouquets de fleurs jaune vif, qui peuvent atteindre 1 mètre de hauteur, et illuminent les zones les plus arides du désert. La médecine chinoise traditionnelle utilise depuis longtemps de proches parents de *C. phelypaea*. Les collectes excessives, l'abattage de leurs hôtes pour le bois de chauffe et l'extrême difficulté de leur culture ont porté un coup fatal à certaines espèces qui sont désormais menacées à l'état sauvage.

Ci-dessus à gauche : Les pédoncules sans feuilles de *Cistanche phelypaea* n'ont pas la moindre trace de chlorophylle.

Ci-dessus à droite : Un tubercule hypogé de *Cistanche phelypaea*, fixé sur la racine de son hôte.

OROBANCHE

La terreur des racines

Orobanche spp.

Les orobanches sont apparentées aux cistanches. Il en existe des centaines d'espèces, d'une extrême diversité, dans tout le Bassin méditerranéen. Elles ciblent un certain nombre d'hôtes, qui ont leur préférence, mais certaines se sont spécialisées sur une seule espèce. Les orobanches produisent des milliers de graines minuscules, fines comme la poussière, qui se laissent porter par le vent, pour multiplier les chances de tomber à portée des racines d'un hôte adéquat. Certaines orobanches ont délaissé leurs hôtes naturels pour s'attaquer à des cultures, où elles font des ravages. D'autres sont devenues si rares qu'elles sont menacées d'extinction. Pourtant, chaque année, les botanistes en décrivent de nouvelles espèces. *Orobanche foetida* (ci-dessus à gauche) et *O. sanguinea* (à droite en haut) n'élisent domicile que sur quelques espèces seulement de la famille des pois (Fabacées).

Ci-dessus à gauche : *Orobanche foetida*, dans le Sud du Portugal.

À droite en haut : *O. sanguinea*, en Crète.

À droite en bas : Cette sorte d'araignée est une orobanche en train de se développer sur la racine de sa victime.

CUSCUTE

Le lasso vampire

Cuscuta spp.

La cuscute, « mauvaise herbe étrangleuse » et « cheveux de sorcière », ne se contente pas de voler ses voisines, elle les enlace pour mieux les étrangler. Ses graines, une fois germées, ont quelques jours pour trouver un hôte approprié, sinon elles meurent. La cuscute lance ses tiges à l'assaut de sa victime dès qu'elle la repère, sur le même mode que le liseron (*Convolvulus* spp.), qui est d'ailleurs un parent. Les tiges pénètrent dans celles de l'hôte et en tirent l'eau et les nutriments nécessaires. À la fin de leur période de végétation, ces parasites forment parfois des monticules de plusieurs mètres de diamètre, qui étouffent complètement leurs hôtes. Certaines espèces tropicales sont si vigoureuses qu'elles montent jusqu'à la canopée. Les cuscutes sont présentes dans toutes les régions tempérées et tropicales, comme les orobanches, et plusieurs menacent sérieusement les cultures.

Ci-dessus : Cet amas de tiges de cuscute (*Cuscuta approximata*) étouffe l'hôte, en l'occurrence un arbuste épineux des îles Canaries.

CASSUTE

La couronne des diables

Cassytha spp.

Les cassutes, surnommées « couronne des diables » ou « fausse cuscute » en Nouvelle-Calédonie, forment une famille de plus de vingt plantes parasitaires indigènes d'Afrique, d'Australasie, d'Asie et des Amériques. Bien qu'elles ressemblent beaucoup à la cuscute, elles sont en fait apparentées aux lauriers (famille des Lauracées). Leur cycle biologique et leur aspect ont évolué indépendamment dans le même sens, sans qu'elles soient aucunement parentes. On parle d'évolution convergente.

Ci-dessus : Les tiges jaunes de la cassute filiforme (*Cassytha filiformis*), un parasite, étouffent l'arbre qui les accueille, sur un versant de la montagne de la Table, en Afrique du Sud.

Chapitre 2

LES TUEUSES

Les plantes carnivores ont intrigué et passionné des générations de botanistes depuis les premières descriptions détaillées qu'en a livré Charles Darwin au XIXe siècle. Ces prédateurs verts ont évolué dans des milieux pauvres, par exemple des marécages ou des versants montagneux lessivés par les pluies. Ils ont mis au point un arsenal hallucinant de leurres et de pièges pour attirer, saisir et digérer leurs proies animales, qui améliorent leur ordinaire dans ces conditions difficiles. On dénombre environ 600 de ces espèces et l'on sait désormais qu'elles ont évolué vers la « carnivorité » plusieurs fois, indépendamment les unes des autres. Leurs pièges vont de simples rosettes de feuilles soudées à des structures élaborées qui ont recours à des astuces incroyables pour capturer et tuer des proies bien précises.

Ci-contre : *Nepenthes sibuyanensis* est une plante à urnes carnivore originaire de l'île de Sibuyan, aux Philippines, où elle se cantonne à deux versants escarpés et isolés et à la crête qui les relie. Sa première description remonte à 1996 et depuis une pléthore de nouvelles espèces similaires ont été identifiées.

NEPENTHES RAJAH

Le roi des plantes à urnes

Nepenthes rajah

Ce végétal est indéniablement le plus spectaculaire de tous les carnivores et le roi (*rajah*) des plantes à urnes. Collecté pour la première fois en 1858, il n'a cessé de fasciner et d'intriguer les botanistes et ses admirateurs. Ses urnes gigantesques, longues parfois de plus de 40 cm, ont une contenance de plusieurs litres. Récemment, un observateur a découvert qu'elles servent de « toilettes » à des musaraignes arboricoles, sur le même mode que *Nepenthes lowii*, décrit p. 40. Il arrive que des musaraignes tombent par accident dans les urnes et s'y noient, ce qui a fait supposer que cette plante est capable de digérer des rongeurs. Elle pousse uniquement sur le mont Kinabalu et son voisin, le mont Tambuyukon, dans le nord de Bornéo. Menacée par les prélèvements illégaux, elle est strictement protégée.

Ci-dessus : Ce *Nepenthes rajah*, qui croît sur le mont Kinabalu, dans le nord de Bornéo, vient de s'ouvrir.

Ci-contre : Un magnifique *N. rajah* dans son habitat naturel, sur le mont Kinabalu.

NEPENTHES LOWII

Toilettes pour musaraignes

Nepenthes lowii

Cette espèce, qui ne vit que sur quelques versants montagneux du nord de Bornéo, a un aspect très particulier. Hugh Low, le naturaliste qui fut le premier à la décrire, la découvrit en escaladant le mont Kinabalu. Il remarqua la forme originale des urnes, qui ressemblent vaguement à des cuvettes de toilette. D'une longueur de 28 cm au plus, les urnes situées sur les lianes sont ligneuses et largement ouvertes. On a découvert assez récemment que cette espèce ne se nourrit pas du tout comme la plupart de ses congénères insectivores : la taille et la forme de l'ouverture de l'urne correspondent aux dimensions d'une musaraigne (*Tupaia montana*) qui, tout en savourant le nectar sur la face interne du couvercle en forme de cuiller, laisse tomber ses excréments directement dans l'urne. Ces déjections fournissent des nutriments essentiels à la plante. L'étrange forme de toilettes des urnes de cette espèce magnifique n'a donc rien d'une coïncidence !

Ci-contre : Les urnes originales de *Nepenthes lowii*, en forme de toilettes.

Double page suivante : *Nepenthes lowii* dans les forêts de nuages perdues du mont Trus Madi, dans le nord de Bornéo.

Les musaraignes posent leurs pattes sur les bords de l'urne pour lécher le nectar de la surface interne du couvercle. Tout en savourant, elles défèquent dans le réceptacle de l'urne qui possède des glandes capables d'absorber les nutriments précieux fournis par l'animal.

NEPENTHES EXTINCTA

Avis de disparition

Nepenthes extincta

De nouveaux *Nepenthes* sont décrits chaque année, mais ces espèces sont très menacées par les destructions massives de leur habitat. Cette planche d'une plante carnivore à urnes, décrite sous le nom de *Nepenthes extincta*, se fonde sur un spécimen d'herbier qui est sans doute l'unique vestige de cette espèce. Certains scientifiques pensent qu'il s'agit d'un hybride naturel, mais il est difficile de le confirmer, ce *Nepenthes* étant désormais éteint. À l'origine, il poussait sur la montagne Rouge, qui est désormais la plus grande mine de nickel des Philippines, deuxième exploitant mondial de ce métal. Aujourd'hui, elle est un triste emblème de la précarité de ces végétaux superbes dans leur milieu naturel. Les botanistes se livrent à une course contre la montre pour découvrir et conserver de nouvelles espèces avant de les voir disparaître à jamais.

Ci-contre : *Nepenthes extincta* vivait sur la montagne Rouge, aux Philippines, aujourd'hui exploitée pour son nickel. Cette peinture s'inspire d'un spécimen conservé dans un herbier, qui est malheureusement tout ce qu'il reste de cette plante.

HELIAMPHORA

L'urne de la mort

Heliamphora spp.

Par sa structure, *Heliamphora* est l'une des plantes carnivores à urnes les plus simples qui soient. Ses feuilles se sont en fait transformées en tubes d'une cinquantaine de centimètres, dont le nectar attire les proies. La face interne des urnes est garnie de cils très glissants quand ils sont humides. Les insectes dérapent et tombent dans la flaque située au fond. À la différence des plantes à urnes plus sophistiquées d'Asie du Sud-Est, qui produisent des enzymes digestives, chez *Heliamphora*, ce sont des bactéries qui fabriquent les enzymes nécessaires à la digestion. Tous les *Heliamphora* poussent sur des plateaux rocailleux isolés, les *tepuis*, en Amérique du Sud. Ces hauteurs désolées, où les fortes pluies lessivent les nutriments, se dressent au milieu des forêts pluviales et accueillent une flore et une faune aussi fascinante qu'exceptionnelle.

Page ci-contre : Un groupe d'*Heliamphora elongata* poussant sur un *tepuis* rocailleux et baigné par les pluies du Venezuela (massif d'Ilú-Tramen).

SARRACÉNIE JAUNE

L'empoisonneuse

Sarracenia flava

Les sarracénies forment un genre de plantes carnivores qui fréquentent surtout les tourbières et les marécages aux abords des plaines du Sud-Est des États-Unis. Ces plantes à urnes, hautes de quelque 90 cm, ont des couleurs vives et un nectar sucré qui attirent les insectes. Ceux qui se posent sur les urnes glissent sur le bord cireux, puis tombent dans une flaque de sucs digestifs. Des chercheurs ont démontré que le nectar de la sarracénie jaune (*Sarracenia flava*) contient un narcotique paralysant qui enivre les proies et leur fait perdre l'équilibre. Une fois tombés dans l'urne, les insectes hébétés se retrouvent entourés de cils pointés vers le bas, qui les empêchent de s'échapper. Ils finissent par se noyer dans une flaque d'enzymes digestives.

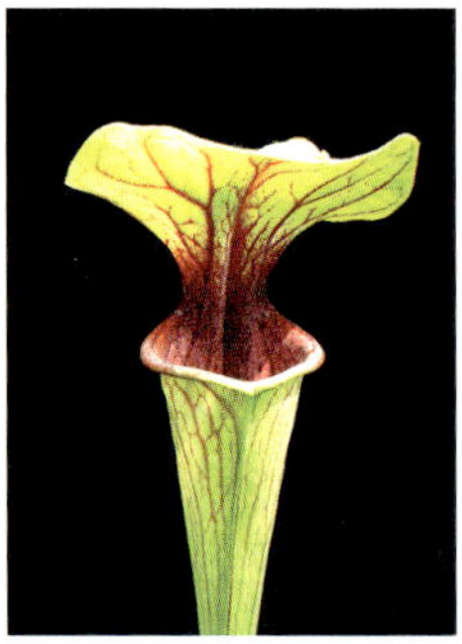

Ci-dessus : Le délicieux nectar des sarracénies, allié à leurs couleurs vives, fait tourner la tête aux insectes.

Page ci-contre : Des sarracénies dans leur habitat naturel.

DIONÉE

Une plante qui sait compter

Dionaea muscipula

La dionée ou attrape-mouche de Vénus est une célébrité dans le monde des plantes carnivores. Elle vit dans les marécages subtropicaux de Caroline du Nord et du Sud et se nourrit d'insectes, en général, même s'il lui arrive parfois, dit-on, de piéger des batraciens et des reptiles de petite taille. La partie terminale de la feuille forme un piège hérissé de piquants d'un diamètre de 5 cm environ, qui est déclenché par des poils minuscules sur la face interne. Si une proie se déplace sur cette surface et touche plus d'un poil en quelques secondes ou si elle effleure deux fois le même poil, le piège se referme. Ce mécanisme permet à la plante de ne pas gaspiller son énergie en se fermant sur un brin d'herbe apporté par le vent, par exemple. Cette fermeture rapide est due à un potentiel d'action qui fonctionne un peu comme un nerf. Si le mouvement se poursuit, la plante sécrète des enzymes digestives. Une fois que les bords du piège se sont refermés hermétiquement, la cavité étanche forme un véritable « estomac végétal ». Cette stratégie d'alimentation par les feuilles est le résultat de l'adaptation à des écosystèmes peu nourriciers. Selon certains botanistes, la dionée descend d'une plante gluante proche des droseras qui, peu à peu, se serait intéressée à des proies plus grandes afin d'améliorer son régime alimentaire.

Ci-dessus : Si on les touche une fois, les mandibules de la dionée restent ouvertes. De nouveaux contacts répétés conduisent le piège à se refermer.

Page ci-contre : La dionée se nourrit en général d'insectes mais il semblerait qu'elle apprécie aussi les batraciens et reptiles de petite taille.

DROSERA

Papier tue-mouche biologique

Drosera spp.

Les droseras forment un vaste groupe de plantes carnivores qui vivent sur tous les continents, sauf l'Antarctique. Leurs habitats typiques, des marécages et des tourbières aux sols acides et pauvres, les ont poussés à compléter leur régime alimentaire avec des insectes. Leur taille varie de quelques centimètres à plus d'1 mètre de hauteur. Toutes les espèces portent des feuilles couvertes de tentacules glandulaires secrétant un mucilage sucré qui attire et piège les proies. Quand l'une d'elles atterrit sur une feuille, les tentacules se courbent vers l'intérieur. En cherchant à s'échapper, la victime s'épuise vite et est asphyxiée par le mucilage visqueux produit par les tentacules. Les enzymes digestives dissolvent en partie l'insecte et mettent les nutriments à la disposition de la plante.

Ci-dessus à gauche : Les insectes confiants trouvent irrésistibles les feuilles humides de rosée du drosera.

Ci-dessus à droite : Les sécrétions émises par les glandes pédonculées des feuilles de drosera ont un attrait fatal pour les insectes.

SARRACENIA PSITTACINA

Un casier à homards

Sarracenia psittacina

Cette plante bizarre est originaire des marécages du Sud-Est des États-Unis. Ses pièges ont une très petite entrée, cachée derrière un casque renflé. Les insectes qui pénètrent dans cette cavité sont incapables de trouver le chemin de la sortie. C'est ce qui a fait comparer ce mécanisme (génial pour capturer les insectes rampants) à un casier à homards. À l'intérieur du piège, les proies vont être désorientées par la lumière qui perce par endroits sur la paroi opposée de l'urne. En tentant de s'échapper par ces fausses sorties, elles s'enfoncent encore plus. Pour finir, elles s'avancent dans le tube étroit, au fond, qui est garni de poils dirigés vers le bas qui les empêchent de rebrousser chemin. Épuisées, elles achèvent leur carrière dans une mare de sucs digestifs.

Ci-dessus : *Sarracenia psittacina* est parfois complètement submergée dans son habitat naturel. Il lui est donc possible de capturer de petites proies aquatiques, et même des têtards !

Chapitre 3

LES FAUSSAIRES

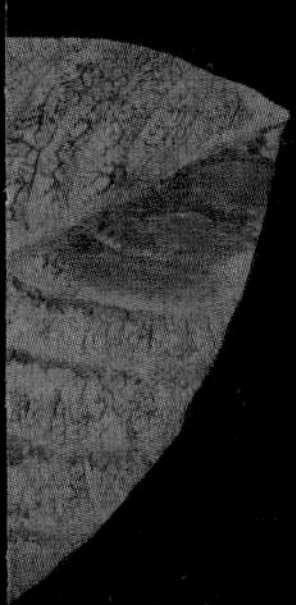

L'évolution a abouti, chez certaines plantes, à une panoplie de mimétismes étonnants pour duper, déconcerter et manipuler leurs pollinisateurs. Darwin était fasciné par la diversité des « inventions dont sont capables les orchidées pour inciter les insectes à les féconder ». Les Orchidacées, dont le nombre est estimé à 26 460 espèces, forment l'une des plus grandes familles de végétaux. Assez souvent, elles entretiennent des relations exclusives et souvent étranges avec des insectes pollinisateurs, abeilles, guêpes, mouches ou phalènes. Dans le règne végétal, les fleurs remercient en général les insectes qui les fécondent, notamment en leur offrant du nectar sucré. Les orchidées, en revanche, ont plutôt tendance à ne pas tenir leurs promesses. Chez ces faussaires, certaines fleurs font croire qu'elles proposent du nectar alors qu'elles n'en ont pas, d'autres prennent l'apparence d'un insecte femelle pour attirer des mâles désireux de s'accoupler. Ces stratégies exceptionnelles de duperie, chez les orchidées et chez les autres plantes décrites dans ce chapitre, sont toutes au service de la pollinisation croisée.

Page ci-contre : Originaire d'Amérique centrale et du Sud, *Psychotria elata* est surnommée « plante à bisous » ou « lèvres chaudes ». Ses lèvres sont en fait une paire de bractées (le calice), d'où sortira plus tard la vraie fleur. Cette ressemblance incroyable avec des lèvres humaines pulpeuses n'est pas une forme de mimétisme élaboré comme chez tant d'orchidées, mais une astuce pour séduire des colibris.

PAPHIOPEDILUM ROTHSCHILDIANUM

Une fausse portée de pucerons

Paphiopedilum rothschildianum

Paphiopedilum rothschildianum est une orchidée des plus rares. Il ne reste plus que quelques stations, sur le mont Kinabalu, dans le nord de Bornéo, où elle pousse encore à l'état sauvage. Les prélèvements excessifs ont conduit à son déclin rapide. Les touffes ont atteint des prix records qui ont stimulé la demande et, malheureusement, conduit à sa perte. Par chance, avec les progrès des techniques de multiplication, ses perspectives se sont améliorées.
Les fleurs de *P. rothschildianum* se distinguent par des sépales latéraux, longs de 10 à 15 cm, qui se déploient vers l'extérieur. À l'instar de tant d'autres orchidées, elle trompe ses pollinisateurs en leur faisant croire à une récompense. Les sépales sont mouchetés de petits amas inhabituels de points vert foncé, qui ressemblent plus ou moins à des pucerons. Des guêpes parasites, qui pondent d'habitude dans les larves de pucerons, sont attirées par ces fleurs, croyant y voir un site potentiel de nidification. Elles pondent sur les fleurs, puis tombent ou s'aventurent dans le sabot. Une fois à l'intérieur, des lobes convexes les empêchent de sortir et elles sont forcées de se frayer un chemin en passant par la base de la fleur.
Ce faisant, elles déposent du pollen prélevé chez d'autres *P. rothschildianum* sur le stigmate et, en se débattant pour sortir du piège, se font enduire de pollen.

Page ci-contre : D'une extrême rareté, *P. rothschildianum* pousse uniquement sur le mont Kinabalu, dans le nord de Bornéo.

CACTUS ÉTOILE DE MER

Faire le mort

Orbea variegata

Le cactus étoile de mer est une plante grasse tapissante qui vit dans les déserts rocailleux d'Afrique du Sud (et n'est pas apparentée aux vrais cactus américains). Les insectes, entre autres les abeilles, préfèrent les fleurs aux couleurs vives et parfumées, qui sont souvent rares dans cet écosystème. Cette plante vise cependant un type de pollinisateur différent : les mouches nécrophages.

Les fleurs, d'un diamètre de 7 cm, sont mouchetées, verruqueuses et empestent la charogne. L'imitation est si réussie que les visiteuses pondent fréquemment sur les fleurs. Pendant cette opération, elles ramassent et déposent du pollen, assurant ainsi la pollinisation croisée du cactus étoile de mer. Après la fécondation, la plante émet des gousses jumelles et pointues. Elles se fendront et lâcheront des graines que le vent se chargera d'emporter au loin.

Page ci-contre : La fleur peu ordinaire du cactus étoile de mer.

STAPÉLIA

L'étoile de mer du désert

Stapelia spp.

Proches parentes du cactus étoile de mer, les stapélias diffusent une odeur de charogne pour s'attirer les bonnes grâces des pollinisateurs. Le mimétisme est poussé à un tel point que les fleurs se couvrent même d'un fin duvet blanc qui ressemble au pelage d'un animal ou à une moisissure. Leur ressemblance parfaite avec une étoile de mer (tant par leur forme que par leur façon de reposer sur le sol) est tout à fait extraordinaire. Elles sont un ornement étonnant des montagnes arides et désolées d'Afrique du Sud.

Ci-dessus : Des mouches, attirées par les relents de viande avariée, cherchent un coin pour pondre sur une fleur de *Stapelia gariepensis*.

Page ci-contre : Ces stapélias (*S. gariepensis*) poussent sur les montagnes arides près de la frontière entre l'Afrique du Sud et la Namibie.

ORCHIDÉE CANARD VOLANT

Leurre végétal pour chasse au canard

Caleana major

L'orchidée canard volant se rencontre dans le Sud-Est et l'Est de l'Australie. Sa petite fleur remarquable, longue d'environ 2 cm, présente une ressemblance frappante avec un canard en vol. Suivant le même principe que les ophrys méditerranéens (décrits p. 66) avec les abeilles mâles, elle attire des tenthrèdes qui la confondent avec une femelle et tentent de s'accoupler avec elle. Cependant, le mécanisme de pollinisation de l'orchidée canard volant est plus complexe. Son labelle est articulé. Quand un mâle vigoureux se pose dessus et tente de repartir avec ce qu'il prend pour une conquête, il se débat et tombe la tête la première dans une colonne où se trouvent les organes reproducteurs de la fleur. Le pollen, enfermé dans des sacs, les pollinies, en profite pour se coller sur le dos du captif. Quand l'insecte finit par s'envoler, les pollinies se courbent automatiquement. Ainsi, le pollen est fin prêt pour féconder la fleur suivante visitée par la tenthrède, et la pollinisation croisée est assurée.

Page ci-contre :
L'orchidée canard volant ressemble vraiment à un canard en plein vol.

ORCHIDÉE SINGE

Les singeries d'une fleur

Dracula simia

L'orchidée singe (*Dracula simia*) appartient à un petit groupe d'orchidées natives d'Amérique centrale et du Sud qui, pour l'œil humain, ressemblent à s'y méprendre à une face de singe. L'étude d'un parent proche de cette espèce a révélé que le labelle arrondi imite l'aspect comme l'odeur de champignons de la forêt, pour attirer des moucherons amateurs, qui fécondent les fleurs.

Page ci-contre : L'orchidée singe ressemble à s'y méprendre à un primate.

OPHRYS

Tentation et fécondation

Ophrys spp.

Les ophrys (*Ophrys* spp.) sont des orchidées vivant dans le Bassin méditerranéen. Il est difficile de trouver des faussaires plus rusés : non seulement les fleurs ressemblent à des abeilles, mais elles imitent même l'odeur des femelles d'une espèce particulière. Les mâles amoureux qui tentent de s'accoupler avec une fleur assurent le transfert du pollen à leur insu. Comment l'évolution a-t-elle pu aboutir à une escroquerie aussi raffinée ? Chaque ophrys cible un insecte précis. Grâce à ce système très performant, chaque pollinisateur spécialisé transporte un maximum de pollen et, comme il n'ira pas visiter des fleurs d'autres espèces, les pertes sont limitées. Ces orchidées ont un parfum pratiquement identique aux phéromones des insectes femelles, et cela dans les mêmes proportions relatives, pour renforcer le mimétisme. Par ailleurs, cette contrefaçon chimique est le fruit de l'évolution de cires produites par les feuilles, qui sont communes chez les plantes. Cette méthode de pollinisation par la tromperie se révèle d'une efficacité incomparable.

Ci-dessus : *Ophrys sphegodes mammosa* (en haut à gauche), *O. cretica* (en haut à droite) et *O. scolopax* subsp. *heldreichii* (en bas à droite) donnent une idée de la diversité remarquable des ophrys dans le Bassin méditerranéen. Chacune cible les abeilles mâles d'une espèce donnée, qui vont assurer leur fécondation croisée en croyant s'accoupler.

SÉRAPIAS

Pollinisation et hospitalité

Serapias spp.

Les labelles des sérapias ressemblent à des langues soudées sur leur face inférieure pour former un tunnel. Ces orchidées, très proches des ophrys, se rencontrent également dans le Bassin méditerranéen. La pollinisation a lieu l'après-midi, quand les abeilles solitaires volent d'une fleur à l'autre. Les insectes finissent par se reposer dans le tunnel d'une des fleurs et y passent la nuit ou s'y abritent lorsqu'il pleut. Ces visiteurs ayant pour habitude de chercher refuge dans des trous dans la terre, les sérapias semblent avoir évolué dans le but de leur offrir un abri. Certains chercheurs ont suggéré que les abeilles mâles pourraient chercher des femelles à l'intérieur des tubes floraux. Dans ce cas, les fleurs imiteraient l'entrée d'un nid ou feraient croire à la présence d'une femelle à l'intérieur, pour attirer les mâles. Ce mécanisme sophistiqué de pollinisation semble être une autre stratégie élaborée pour favoriser la pollinisation croisée chez les orchidées.

Ci-dessus à gauche : Un groupe de sérapias (*Serapias orientalis*) à Chypre.

Ci-dessus à droite : Cette petite abeille, qui vient de s'extraire d'un sérapias, est chargée de sacs de pollen (les pollinies).

Chapitre 4

LES GEÔLIÈRES

L'évolution a doté certaines plantes de geôles pour incarcérer les insectes pollinisateurs. Les aroïdes appartiennent à une vaste famille (Aracées) de plus de 3 300 espèces, dont celles des régions tropicales du Nouveau Monde frappent par leur diversité. Les arums se distinguent par leur spadice, sorte d'épi souvent entouré d'une spathe qui est une énorme bractée. Les vraies fleurs, qui sont minuscules, se développent sur le spadice, les fleurs femelles en bas et les fleurs mâles juste au-dessus. Les premières parviennent à maturité avant les secondes, un décalage qui empêche l'autofécondation. Détail intéressant, les plantes de cette famille sont souvent thermogéniques – elles dégagent de la chaleur – et leurs fleurs deviennent bien plus chaudes que l'air ambiant. Cette combinaison de chaleur et d'odeur forte, souvent de matières fécales ou de cadavre, plaît au plus haut point à plusieurs coléoptères et mouches qui croient avoir affaire à une charogne. Chez les aroïdes, la spathe forme souvent une chambre florale, autour des minuscules fleurs, qui retient prisonniers les insectes venus pondre. Ce mécanisme assure le dépôt et le prélèvement du pollen. Ce type de pollinisation par le biais d'un piège existe chez d'autres plantes, qui ont évolué parallèlement, par exemple *Hydnora* (p. 22) et l'aristoloche (famille des Aristolochiacées). Ce chapitre décrit un petit échantillon de ces geôlières.

Page ci-contre : *Arisaema nepenthoides*, un aroïde natif de l'est de l'Himalaya.

ARUM PEINT

Prison pour mouches scatophages

Arum pictum

Après les premières grosses pluies d'automne, dans les forêts des îles au centre de la Méditerranée, les curieux appareils floraux de l'arum peint sortent de terre. Les fleurs brun violacé, hautes de 25 cm, sentent très fort le crottin de cheval, ce qui attire ces petits moucherons qui grouillent sur les matières fécales d'origine animale. Pour parfaire l'imitation, le spadice devient même chaud au toucher, tout comme des excréments frais, ce qui aide à propager les effluves. Les petits insectes, retenus au fond de la chambre florale par une herse de pointes abaissées, y passent la nuit et se font arroser de pollen. Le lendemain, les pointes desséchées ne font plus obstacle et les prisonniers sont libérés. Certains visiteront un autre arum peint et assureront la pollinisation croisée.

Ci-dessus : Vue en coupe de la chambre florale d'un arum peint. Les fleurs mâles (la bande jaune au milieu) saupoudrent de pollen les insectes piégés par une véritable herse. Les fleurs femelles verdâtres sont en bas.

Page ci-contre : La fleur curieuse de l'arum peint.

ARUM MANGE-MOUCHES

Garde à vue pour les butineurs

Helicodiceros muscivorus

L'arum mange-mouches vit sur des falaises dominant la Méditerranée, au milieu de colonies de mouettes. Là, l'odeur du poisson régurgité, des fientes et des oisillons morts attire des nuées de mouches bleues. Longue de 40 cm, la fleur de l'arum mange-mouches s'étale sur le rocher et met à profit sa ressemblance avec un cadavre, tant par son apparence que par sa puanteur, pour exploiter cette prolifération d'insectes.
Les mouches tournoient autour de la plante, à la recherche d'un endroit où pondre. Quand elles s'aventurent dans la chambre creuse, elles sont prises au piège par des pointes raides et glissantes, tournées vers l'arrière, et sont saupoudrées de pollen.
Le lendemain, les pointes étant desséchées, les insectes peuvent repartir. Certains iront visiter d'autres arums mange-mouches et assureront leur pollinisation croisée.

Page ci-contre : Cet arum mange-mouches attend les mouches qui vont le féconder, sur fond de Méditerranée.

ARISTOLOCHE

Prison avec sursis

Aristolochia spp.

Les aristoloches constituent un groupe très varié et présent sur presque tous les continents. Les fleurs, en général suspendues à des lianes, attirent de petits insectes volants. Ils atterrissent sur la lèvre, puis s'engagent dans le tube floral étroit, garni de cils dirigés vers le bas. Ces cils facilitent la descente mais rendent la remontée à peu près impossible : les insectes sont prisonniers de la chambre florale. Un peu plus tard, les cils se dessèchent et dégagent le passage. Les visiteurs chargés de pollen peuvent alors repartir, afin d'aller féconder une autre aristoloche.

Ci-dessus : *Aristolochia baetica* s'accroche aux rochers, dans le sud-ouest du Bassin méditerranéen.

Page ci-contre : *Aristolochia grandiflora* est une espèce vivant en Amérique centrale. Sa fleur, qui atteint 60 cm, est l'une des plus grandes du Nouveau Monde.

P. 76 : *Aristolochia didyma* est une aristoloche originale d'Amérique du Sud.

P. 77 : Au fil de l'évolution, les fleurs d'aristoloche (*Aristolochia* spp.) se sont diversifiées d'une manière extraordinaire. Celles-ci appartiennent à *A. tricaudata*, une espèce mexicaine, et ressemblent à d'effroyables créatures des abysses.

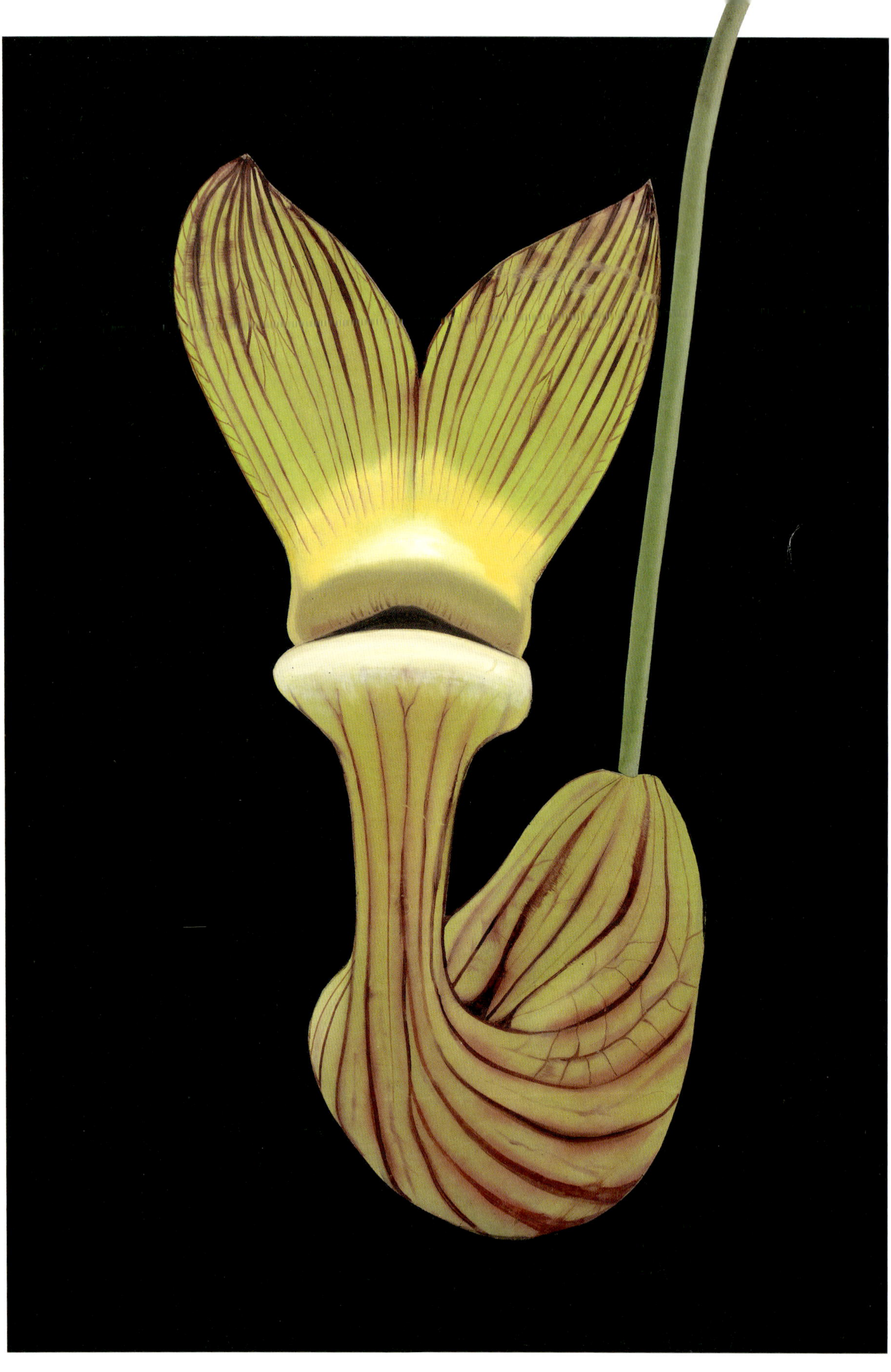

ARISTOLOCHIA ARBOREA

Un faux champignon dangereux

Aristolochia arborea

Aristolochia arborea, une aristoloche spectaculaire, se rencontre dans les forêts fluviales d'Amérique centrale. Elle a un port buissonnant, comme un arbre. Ses fleurs étranges sortent directement au pied du tronc et font penser à des groupes de champignons poussant à terre. En fait, chaque fleur d'*A. arborea* possède une excroissance florale très spécialisée en son centre, qui a l'aspect d'un champignon vénéneux violacé. Elle imite avec une précision incroyable une espèce indigène et va jusqu'à en reproduire l'odeur. Tout comme l'orchidée singe (voir pp. 64-65), elle attire des moucherons qui pondent sur les champignons. Ces petits insectes, trompés par ce mimétisme parfait, vont pondre sur l'aristoloche. Ce faisant, ils prélèvent du pollen et en déposent. En revanche, leur progéniture ne pourra pas se nourrir sur ce faux champignon et ne vivra pas.

Page ci-contre : Les fleurs d'*Aristolochia arborea* ressemblent tout à fait à un champignon vénéneux qui plaît à des moucherons. Trompés par ce mimétisme, ils viennent les féconder et vont même leur confier leurs œufs !

ARUM TITAN

Le roi de la jungle

Amorphophallus titanum

La taille hors norme de cette géante, originaire des forêts de Sumatra, l'a rendue célèbre dans le monde entier. Elle porte en fait une inflorescence (composée d'une myriade de fleurs minuscules), ce qui n'en fait pas à strictement parler la plus grande fleur simple du monde (record détenu par la rafflésie, p. 14). Quoi qu'il en soit, l'arum titan peut atteindre une hauteur de 3 m, ce qui lui vaut d'être considéré comme la plus grande inflorescence non ramifiée du règne végétal. Parent éloigné de l'arum peint et de l'arum mange-mouches, décrits plus haut, il se fait passer pour une charogne, comme eux, afin d'attirer les insectes amateurs. La spathe violacée, lorsqu'elle s'ouvre, laisse apparaître l'immense spadice jaune et les fleurs femelles peuvent alors recevoir le pollen d'autres arums titans. Les insectes susceptibles d'avoir visité d'autres fleurs de la même espèce vont et viennent au pied de l'inflorescence et déposent du pollen sur toutes les fleurs femelles, assurant ainsi leur pollinisation croisée. Les fleurs mâles, dont la maturité est plus tardive, déposent leur pollen sur les insectes de passage. L'analyse chimique des substances émises par le spadice de l'arum titan a révélé leur ressemblance avec les émanations de poisson pourri et de chaussettes imbibées de transpiration ! Cette plante ne fleurit que tous les 7 à 10 ans.

Page ci-contre : La fleur gigantesque de l'arum titan.

Chapitre 5

LES COMPLICES

Les animaux se prêtent à toutes sortes de machinations étonnantes et surprenantes mises au point par les plantes qui ont besoin d'eux pour leur fécondation, la dispersion des graines, voire leur défense. Une orchidée tropicale, *Coryanthes macrantha*, par exemple, aide les abeilles mâles à se parfumer pour mieux séduire les femelles, mais sa fécondation s'apparente à un parcours du combattant dont ils sortent hébétés et ébouriffés. D'autres végétaux proposent leur hospitalité à des armées de fourmis qui, en échange, surveillent leurs tiges et troncs et repoussent les attaques de leurs prédateurs. Les relations de mutualisme entre des tueuses voraces, notamment des plantes à urnes, et des animaux précis, sont encore plus prodigieuses. Des chauves-souris nourrissent ainsi une plante à urnes particulière en lui confiant leurs excréments, en échange d'un abri sûr pour élever leurs petits. Souvent, ces mutualismes entre plante et animal atteignent un tel point de sophistication que ni l'une, ni l'autre ne pourrait vivre sans son associé.

Page ci-contre : Les *Myrmecodia* produisent de petites structures, les domaties, pouvant héberger des fourmis. Sur cet acacia africain, les domaties dérivent d'épines creuses. En échange de ce logis au milieu des épines, les fourmis associées à l'arbre inspectent ses branches et attaquent les herbivores qui tentent de manger les feuilles et les plantes rivales, en mordant leurs vrilles.

CORYANTHES MACRANTHA

Une course d'obstacles pour la pollinisation

Coryanthes macrantha

Les aroïdes et les aristoloches (pp. 70-79) piègent les insectes et pratiquent une ségrégation temporelle de leurs organes de reproduction : les fleurs femelles, en général, parviennent à maturité avant les fleurs mâles. *Coryanthes macrantha*, une orchidée sud-américaine, emprisonne aussi ses pollinisateurs, mais ses pièces mâles et femelles sont séparées dans l'espace. Les fleurs, d'un diamètre d'environ 12 cm, reçoivent la visite des mâles d'abeilles euglossines (famille des Apidés) particulières. Ces derniers récoltent des substances parfumées émises par les fleurs, afin de séduire les femelles et de s'accoupler. Quand ils volettent autour de la fleur, quelques-uns finissent toujours par tomber dans un « seau » rempli de liquide — le labelle modifié. Les insectes ne parviennent pas à s'accrocher sur la face interne cireuse. Néanmoins, une crête leur permet de reprendre pied et les dirige vers un passage étroit, où ils ont juste la place de se faufiler. Ce faisant, l'abeille passe devant l'organe femelle réceptif (le stigmate). Si par hasard elle est chargée de sacs de pollen (les pollinies), prélevés sur un autre *C. macrantha*, elle les dépose et la fleur est fécondée. Pendant qu'elle poursuit son chemin, les pollinies des organes mâles de la fleur se collent sur son thorax. Les pollinisateurs finissent par s'échapper et se chargeront de féconder d'autres *C. macrantha*.

Page ci-contre : La fleur étrange de *Coryanthes macrantha*.

STRELITZIA

Un plongeoir pour pollinisateurs

Strelitzia reginae

Le strelitzia ou oiseau de paradis est une vivace haute de 2 mètres au plus qui pousse dans le *fynbos*, ce maquis des provinces du Cap, en Afrique du Sud. Ses spathes en forme de bec et ses sépales acérés, de couleur orange, font penser à la tête d'un oiseau. La structure florale est un mécanisme complexe. Lorsqu'un souimanga se pose sur les pétales bleus en forme de flèche, ceux-ci s'ouvrent et leurs anthères sortent pour projeter du pollen sur la poitrine de l'oiseau. En fait, la plupart des visiteurs se posent sur le côté ou la pointe pour éviter justement ces projections, qui salissent leur plumage.

Page ci-contre :
Un souimanga fécondant un strelitzia.

MYRCOMÉPHYTES

L'empire des fourmis

Myrmecodia spp.

Les domaties des myrcoméphytes ou « plantes à fourmis » (leur nom vernaculaire en anglais) sont des cavités spécialisées dans l'accueil des fourmis. Les plus élaborées d'entre elles appartiennent à des *Myrmecodia* du Sud-Est asiatique, comme *M. lamii*, une espèce de Papouasie. Ces plantes produisent des domaties renflées et garnies de piquants à la base de leurs tiges. Les domaties, d'un diamètre d'environ 40 cm, renferment un labyrinthe sophistiqué, dont les galeries débouchent en plusieurs points sur l'extérieur. Les fourmis font leurs nids dans des cavités lisses et déposent leurs excréments riches en nutriments dans d'autres cavités, aux parois rugueuses et verruqueuses. Ces myrcoméphytes sont des épiphytes, qui vivent sur les branches d'arbres où les fourmis leur fournissent des nutriments précieux, un bien rare à cette hauteur.

À part les domaties, certaines espèces remercient les fourmis en leur offrant du nectar et des corps nourriciers spécialisés. Certaines fourmis élèvent même des insectes suceurs de sève (semblables aux pucerons) sur les plantes, pour savourer le miellat qu'ils sécrètent. Des fourmis agricultrices cultivent aussi des champignons à l'intérieur des domaties. Elles apportent des nutriments à ces champignons et s'en servent pour nourrir leurs larves. Selon une hypothèse, ces champignons pourraient aussi améliorer le transfert des nutriments vers la plante.

Page ci-contre : *Myrmecodia lamii*, épiphyte vivant dans les forêts de nuages en Papouasie occidentale, se perche souvent sur les branches des arbres.

NEPENTHES BICALCARATA

Entente cordiale

Nepenthes bicalcarata

Nepenthes bicalcarata attire, piège et digère des invertébrés, tout comme les plantes à urnes décrites précédemment. Cette espèce de Bornéo s'en démarque toutefois par ses excellents rapports avec une fourmi spécifique. Les fourmis élèvent leur progéniture dans ses vrilles renflées et creuses. Elles consomment l'abondant nectar produit autour des « crocs » (d'où le nom anglais de « plante à urnes à crocs ») qui font saillie sous le couvercle. En échange du logis et du couvert, les fourmis s'attaquent férocement aux charançons qui tentent de grignoter les jeunes pousses. Détail intéressant, elles peuvent plonger dans le liquide de l'urne et en sortir sans le moindre mal, contrairement aux autres insectes qui sont des proies. Selon certains observateurs, les fourmis sortent même des urnes de grosses proies qui sinon pourraient les faire pourrir. Ces mutualismes avec des fourmis existent ailleurs dans le règne végétal (voir les myrcoméphytes, p. 88), mais, chez les plantes carnivores, *N. bicalcarata* semble avoir l'exclusivité de cette forme de symbiose.

Page ci-contre : *Nepenthes bicalcarata* accueille dans ses vrilles renflées des fourmis d'une espèce particulière.

NEPENTHES HEMSLEYANA

Bed and breakfast pour chauves-souris

Nepenthes hemsleyana

Les urnes de cette espèce native de Bornéo recueillent des déjections animales, comme *Nepenthes lowii* et *Nepenthes rajah* (voir pp. 38-43), mais d'une tout autre manière. Longues et minces, elles sont dépourvues de l'odeur puissante et du nectar abondant de la plupart des congénères de cette espèce, qui attrape donc moins d'insectes. En revanche, elle a la particularité de fournir un abri de jour à des chauves-souris laineuses (*Kerivoula hardwickii*), qui se posent sur le bord proéminent des urnes dont la grande ouverture renvoie très bien les ultrasons qu'elles émettent. De la sorte, les chauves-souris peuvent retrouver leur repaire au milieu de la végétation luxuriante par écholocalisation. En fait, ces urnes présentent une ressemblance frappante avec les fleurs de plantes, également pollinisées par des chauves-souris, qui sont en général tubulaires, blanches ou vert clair et suspendues à de longs pédoncules. Cette relation incroyable profite autant à la chauve-souris, qui trouve un abri sûr dans les urnes, qu'à la plante, qui est nourrie par les déjections de l'animal, très appréciables dans cet écosystème pauvre.

Page ci-contre : Des chauves-souris laineuses nichent dans *Nepenthes hemsleyana.*

LIN DE NOUVELLE-ZÉLANDE

Pollinisation reptilienne

Phormium tenax

En Nouvelle-Zélande, les geckos se délectent du nectar sucré de plusieurs plantes à fleurs. Les geckos de Duvaucel (*Hoplodactylus duvauceli*) ont l'habitude de se réunir sur les arbres infestés de cochenilles pour savourer le miellat qu'elles sécrètent.
Or, quand le lin de Nouvelle-Zélande fleurit, ces reptiles parcourent de longues distances pour lui rendre visite. Ils écartent les pétales et lèchent le nectar à l'intérieur, de leur langue très longue. Pendant qu'ils dégustent, leur menton et leur gorge, garnis d'écailles spéciales, se couvrent de pollen qu'ils déposeront peut-être ensuite sur d'autres fleurs, se faisant les agents de leur pollinisation croisée.

Page ci-contre : Un gecko de Duvaucel prenant son repas sur un lin de Nouvelle-Zélande.

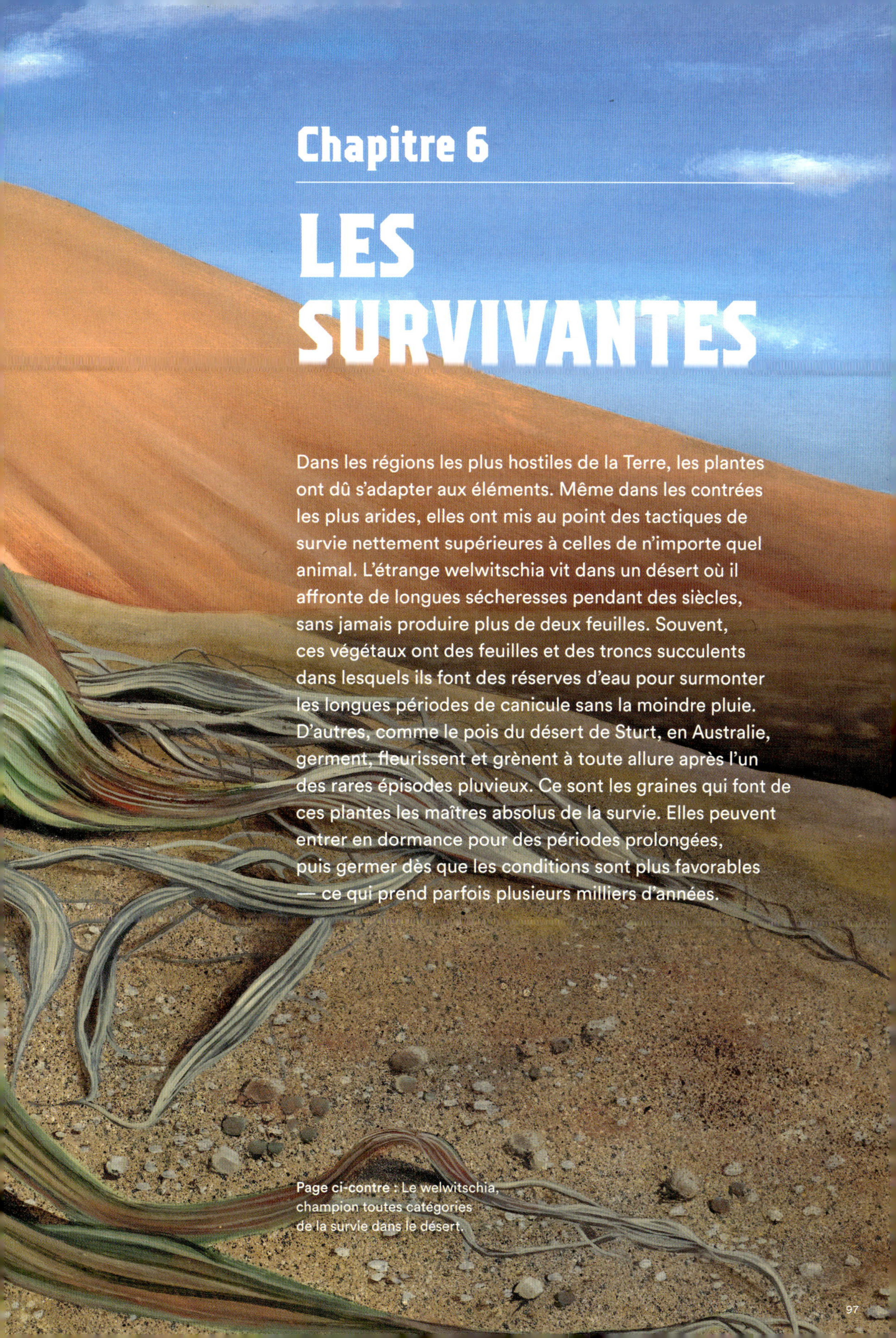

Chapitre 6

LES SURVIVANTES

Dans les régions les plus hostiles de la Terre, les plantes ont dû s'adapter aux éléments. Même dans les contrées les plus arides, elles ont mis au point des tactiques de survie nettement supérieures à celles de n'importe quel animal. L'étrange welwitschia vit dans un désert où il affronte de longues sécheresses pendant des siècles, sans jamais produire plus de deux feuilles. Souvent, ces végétaux ont des feuilles et des troncs succulents dans lesquels ils font des réserves d'eau pour surmonter les longues périodes de canicule sans la moindre pluie. D'autres, comme le pois du désert de Sturt, en Australie, germent, fleurissent et grènent à toute allure après l'un des rares épisodes pluvieux. Ce sont les graines qui font de ces plantes les maîtres absolus de la survie. Elles peuvent entrer en dormance pour des périodes prolongées, puis germer dès que les conditions sont plus favorables — ce qui prend parfois plusieurs milliers d'années.

Page ci-contre : Le welwitschia, champion toutes catégories de la survie dans le désert.

PACHYPODIUM NAMAQUANUM

Mi-plante, mi-homme

Pachypodium namaquanum

Pachypodium namaquanum est un arbre emblématique des déserts de la région du fleuve Orange, dans la province aride du Cap-Nord, en Afrique du Sud, et dans le Sud de la Namibie. Il tient son surnom de *half-mens* (« mi-hommes ») à un mythe khoikhoi, selon lequel ces plantes grasses seraient des êtres hybrides, entre le végétal et l'humain. Les troncs géants, des sortes de piliers, peuvent s'élever jusqu'à 4 m. Ils sont couverts d'épines et couronnés d'une rosette de feuilles coriaces qu'ils perdent pendant les étés chauds et secs. Ce feuillage minimal, qui tombe facilement, limite la surface susceptible de perdre de l'eau par évaporation. En outre, le tronc enflé emmagasine des quantités d'eau assez considérables, ce qui permet à l'arbre de surmonter des sécheresses prolongées. En fait, il est si bien adapté à ces conditions hostiles qu'on le pense capable de vivre plusieurs siècles.

Page ci-contre : Cette plante grasse doit son surnom de *half-mens* (« mi-hommes ») à une légende locale. Vue à contre-jour, elle a la silhouette d'un homme.

POIS DU DÉSERT DE STURT

Champion de survie en milieu désertique

Swainsona formosa

Le pois du désert de Sturt (*Swainsona formosa*) est l'une des plantes les plus emblématiques d'Australie et un symbole de la flore de ses déserts. Il est originaire des régions arides du centre et du nord-ouest, où les pluies sont assez exceptionnelles. Ses graines, comme celles de tant d'habitants des zones arides, restent viables dans le sable pendant des années, en attendant des conditions favorables à la germination. Après une pluie, les plantules produisent à toute vitesse de longues racines afin que la plante puisse fleurir et grener avant un nouvel épisode de sécheresse et de chaleur.

Page ci-contre : Les fleurs aux couleurs éclatantes du pois du désert de Sturt surgissent après une pluie.

WELWITSCHIA

Mille ans et deux feuilles

Welwitschia mirabilis

Le genre Welwitschia est monotypique et ne compte autrement dit qu'une seule espèce, *Welwitschia mirabilis*. Cette plante admirable pousse dans la bande désertique très aride qui longe l'Atlantique, en Namibie et en Angola. Contrairement aux autres espèces décrites dans ce livre, le welwitschia est un gymnosperme, ce qui en fait un parent des pins et des Cycadées. C'est l'une des espèces les mieux adaptées à la survie dans le désert. Certains individus sont âgés de plus de mille ans, passés dans des conditions de sécheresse extrême. Le welwitschia ne produit que deux vraies feuilles, ce qui est peut-être l'une de ses caractéristiques les plus surprenantes et les plus exceptionnelles. Elles ne cessent de s'allonger pour atteindre une longueur de 2 à 4 m. Avec le temps, elles se déchirent, s'effilochent et forment de nombreuses lanières.

Page ci-contre :
Le welwitschia, l'une des plantes les mieux adaptées à la survie en milieu désertique.

BRUNSVIGIA

Feu d'artifice et boule d'herbes folles

Brunsvigia orientalis

Le brunsvigia entre en dormance pendant les étés torrides de la région de Cap-Ouest, en Afrique du Sud, sous forme de gros bulbes gorgés d'eau cachés sous terre. Après la floraison en automne, les inflorescences séchées se détachent des bulbes et roulent au gré du vent, pour mieux disperser leurs graines. Celles-ci se hâtent de germer en hiver, pendant les mois humides, avant de rentrer sous terre, sous forme de bulbe, pour affronter le soleil terrible de l'été.

Ci-dessus à gauche : La floraison automnale du brunsvigia est un véritable feu d'artifice.

Ci-dessus à droite : Les brunsvigias forment leurs feuilles en hiver et entrent en dormance pendant les étés chauds de l'Afrique australe.

COCOTIER DE MER

Un survivant insulaire

Lodoicea maldivica

Ce champion de la survie dans les îles tropicales sait s'accrocher. La graine du cocotier de mer (*Lodoicea maldivica*) est la plus grosse du règne végétal. Dure, brune et lisse, elle est énorme et pèse jusqu'à 17 kg, voire plus. Ce palmier est originaire des Seychelles, où il est devenu un symbole de la protection de la nature et est désormais une attraction touristique de premier plan. Avant la colonisation humaine, il occupait les îles de Praslin et de Curieuse. Malheureusement, l'activité humaine au cours des deux derniers siècles en a terriblement réduit les effectifs et il n'en reste que trois populations à l'état sauvage. Ces arbres mettent très longtemps à se réinstaller. Certains sujets adultes auraient jusqu'à 200 ans. Le lecteur ne sera pas surpris d'apprendre que le cocotier de mer, à la différence de tant d'autres plantes dans ce livre, a du mal à disperser ses graines.

Ci-dessus : La plus grosse graine du monde, celle du cocotier de mer, pèse 17 kg et plus, ce qui paraît incroyable.

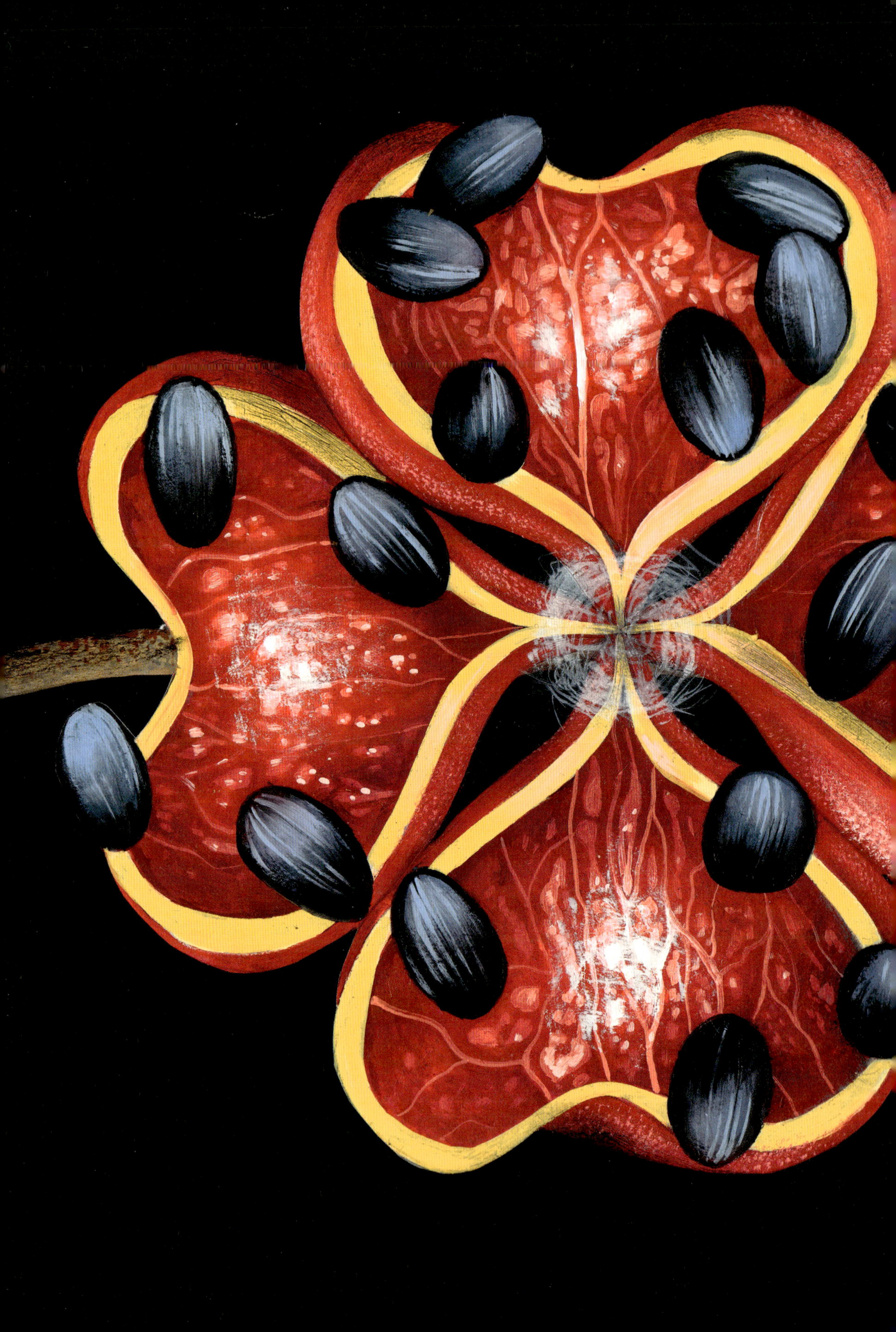

Chapitre 7

LES AUTO-STOPPEUSES

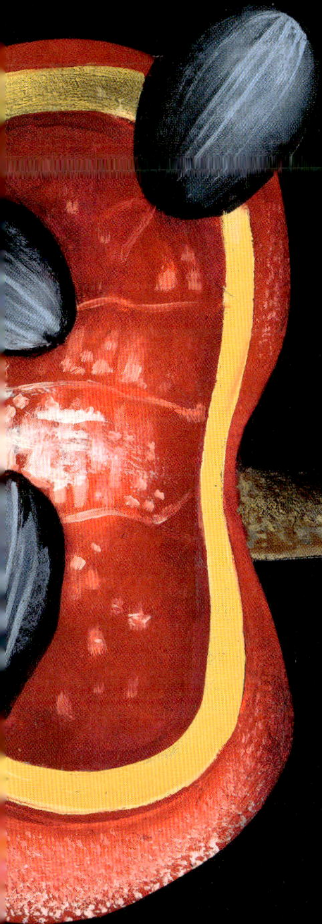

Les plantes disposent d'un arsenal étonnant de fruits et de graines pour conquérir de nouveaux territoires. Leurs semences sont équipées de parachutes pour mieux se laisser porter par le vent ou flottent sur les océans sur des distances considérables. Quelques tactiques sont carrément originales, comme celle de l'étrange fruit du durian, une espèce d'Asie du Sud-Est, dont l'odeur est insupportable pour la grande majorité des nez humains. Mais en répandant dans l'air cette puanteur effroyable et très particulière, il fait venir de très loin les animaux qui se chargeront de disperser ses graines. Les couleurs, les formes et les dimensions des fruits et des graines sont d'une diversité hallucinante. Si le rouge vif attire les oiseaux, les bleus éclatants retiennent l'attention des lémuriens. L'un de ses fruits, suspendu à une liane, ressemble comme deux gouttes d'eau à un serpent lové sur lui-même.

Page ci-contre : Les graines bleu nuit du sterculier (*Sterculia quadrifida*) semblent flotter sur la pulpe des fruits dont le rouge offre un contraste saisissant.

DURIAN

L'auto-stoppeur de la jungle

Durio zibethinus

Sacré « roi des fruits », le durian est apprécié au plus haut point en Asie du Sud-Est, d'où il vient, et doit sa célébrité à sa grande taille (avec un diamètre pouvant atteindre 30 cm), son odeur puissante et son goût divin. En général, ses effluves, qui évoquent des oignons pourris et les égouts, ne sont pas du goût de tout le monde, à tel point que le durian est souvent interdit dans les transports publics et les hôtels. Sa chair est pourtant d'une extrême délicatesse. Il en existe de nombreux cultivars, dont certains se vendent à prix d'or.

L'arbre lui-même culmine à environ 45 m et porte ses fleurs directement sur le tronc et les branches (on dit qu'il est cauliflore). Des chauves-souris assurent sa pollinisation. Le durian possède un talent spécial pour l'auto-stop en pleine jungle. Son odeur puissante attire de très loin des orangs-outans, des calaos et des macaques, qui avalent les graines en dégustant le fruit. Ces animaux, qui parcourent des distances considérables dans la forêt pluviale, se révèlent des agents de dispersion très efficaces.

Page ci-contre : La chair onctueuse du durian enrobe de grosses graines que divers habitants de la forêt pluviale avalent sans les croquer.

COURGE SERPENT

Serpent ou fruit ?

Trichosanthes cucumerina

Agents de dispersion des plantes, les fruits et les graines se déclinent dans toutes les formes et couleurs. La courge serpent (*Trichosanthes cucumerina*) appartient à la famille des citrouilles et des melons (les Cucurbitacées). Toutefois, les fruits excentriques de cette espèce tropicale particulière ont la forme de serpents. D'une longueur remarquable, de parfois plus d'1 mètre, ils rougissent à maturité. Les agriculteurs locaux suspendent des pierres à l'extrémité des fruits pour qu'ils s'allongent – sinon, ils s'enroulent spontanément. Cette espèce vagabonde se déplace grâce à l'homme, qui apprécie sa forme, son goût et ses vertus médicinales. La courge serpent est cultivée dans une bonne partie des Tropiques, en Asie australe, en Afrique tropicale et à Madagascar.

Page ci-contre : Le fruit curieux et spiralé de la courge serpent.

ARBRE DU VOYAGEUR

Des graines bleu nuit

Ravenala madagascariensis

Ce parent proche du strelitzia, natif de Madagascar, n'est, en fait, pas un vrai palmier. Ses graines superbes sont logées dans des capsules longues de 9 cm. Le strelitzia, originaire d'Afrique du Sud, produit des graines agrémentées d'arilles rouges, tandis que ceux de l'arbre du voyageur sont d'un bleu exceptionnel. Les graines et les fruits rouges sont relativement communs dans la nature, en particulier chez les espèces qui s'adressent aux oiseaux pour disperser leurs graines, mais le bleu est d'une extrême rareté. Ce résultat de l'évolution de l'espèce tient à sa biogéographie. Les oiseaux consommateurs de fruits et de graines étant rares à Madagascar, l'arbre du voyageur a établi un mutualisme avec des lémuriens. Leurs yeux ne peuvent distinguer que des verts et des bleus, ce qui n'est pas le cas des oiseaux. Les lémuriens sont donc attirés par le bleu vif de l'arille, la partie comestible de la graine, qu'ils vont ainsi porter au loin, afin de perpétuer l'espèce.

Page ci-contre : Les graines noires de l'arbre du voyageur sont cernées d'une enveloppe comestible dont le bleu éclatant séduit les lémuriens, qui aideront à disperser les graines.

INDEX DES NOMS DE PLANTES

INDEX DES NOMS DE LIEUX